CRITIQUE

DU

NOUVEL APPAREIL

VINIFICATEUR.

CRITIQUE

DU

NOUVEL APPAREIL VINIFICATEUR,

OU

RÉFUTATION

DES OBJECTIONS QUE L'ON A FAITES;

Par M. Denis,

MEMBRE DE LA SOCIÉTÉ D'ÉMULATION DES VOSGES.

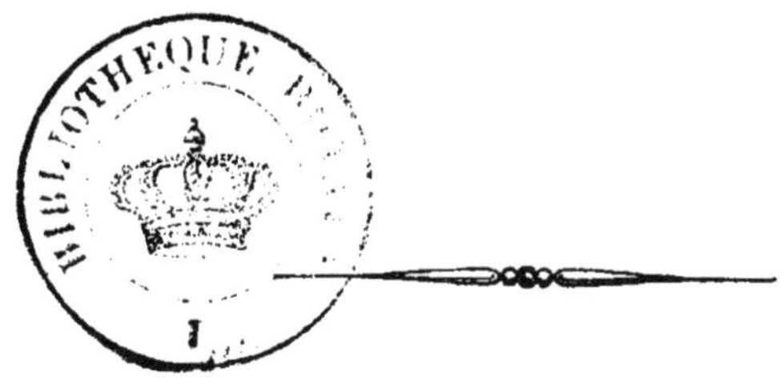

ÉPINAL,

IMPRIMERIE D'ALEXIS CABASSE, 21, PLACE DE L'ATRE.

1838.

PRÉFACE.

J'ai écrit la critique qu'on va lire dans la Saintonge, pour répondre aux objections que m'avaient faites quelques personnes auxquelles j'avais communiqué ma Notice. D'ailleurs, la méthode de faire le vin dans les pays méridionaux, est bien différente de celle usitée dans les départements de l'Est, comme on pourra s'en convaincre en lisant ce petit ouvrage, dans lequel je me suis surtout appliqué à prouver l'influence presque toujours désastreuse de l'air sur les fermentations vineuses que l'on laisse trop long-temps exposées à son contact immédiat; et je désire persuader cette vérité à tous les propriétaires qui, aujourd'hui encore, continuent à employer un procédé de vinification aussi nuisible à leurs intérêts.

CRITIQUE

DU

NOUVEL APPAREIL

VINIFICATEUR.

M. F. Ah! vous voilà mon cher Philorus; il y a long-temps que je n'ai eu le plaisir de vous voir.

Philorus. Vous trouvez peut-être, Monsieur, que j'ai trop tardé à vous rapporter votre *Notice sur la fabrication du vin?*

M. F. Oh non, je vous assure!

Ph. Je vais vous dire pourquoi je l'ai conservée si long-temps. Cette nouvelle méthode m'a paru devoir donner un vin meilleur que celui fabriqué par les différents moyens connus jusqu'aujourd'hui, du moins autant que j'ai pu comprendre vos raisonnements ; car il faudrait, je crois, avoir fait quelques études spéciales en chimie pour les apprécier à leur juste valeur, et je manque des connaissances nécessaires. Mais cet objet m'a paru trop important pour ne pas le considérer attentivement sous toutes ses faces ; il n'aurait pas été prudent non plus de m'en rapporter à moi seul : une discussion aussi approfondie que possible devait seulement porter la lumière sur cette intéressante question, et j'ai consulté, non-seulement mon camarade, comme je l'ai fait pour vos notes relatives à l'agriculture du pays, mais j'ai communiqué votre ouvrage à tous les propriétaires que je présumais devoir adopter votre nouveau système, ou au moins faire un essai qui ne laisserait plus de doute sur l'importance des résultats.

M. F. Eh bien, qu'est-il résulté de toutes vos démarches?

Ph. Pas grand'chose, et pour parler franchement, rien de favorable pour votre méthode. On m'a fait beaucoup d'objections, dont quelques-unes ont de la force, mais qui pour plusieurs m'ont paru spécieuses. La première, et la plus considérable de toutes, c'est que l'on a pas une foi explicite à cette grande supériorité de produits, soit par leur qualité, soit par leur quantité, quoi qu'il ait été à peu près consenti par tout le monde, que le procédé devait produire une amélioration, mais pas assez sensible pour faire abandonner une pratique dans laquelle l'habitude a porté l'intelligence et la célérité, et surtout on a paru reculer devant la dépense considérable d'un changement total de matériel dans la fabrication du vin.

M. F. Avant de répondre à ces deux objections que je connaissais déjà, permettez-moi de vous demander si vous n'avez pas dit à vos Messieurs, qu'ayant goûté plusieurs fois le vin et l'eau-de-vie que j'ai faits l'an dernier, vous avez trouvé ces produits tels que je les ai annoncés dans ma Notice, et que je n'avais rien exagéré, que peut-être même j'étais resté au-dessous de la vérité?

Ph. Je vous demande pardon, j'ai dit tout cela; mais on me répondait avec ce sourire qui exprime le doute. « Nous connaissons, me disaient-ils, votre attachement pour M. F., et il serait possible alors que vous vous fussiez fait illusion. Nous concevons, comme nous vous l'avons dit, une amélioration, mais non pas celle que vous nous annoncez, car elle serait vraiment extraordinaire ; mais dans tous les cas elle doit être telle qu'elle couvrira en peu de temps les sacrifices pécuniaires auxquels cette nouvelle fabrication du vin nous obligerait. Il faudrait aussi que l'on pût, nous ne disons pas prévenir, c'est impossible, mais au moins paraliser un grave inconvénient pour tous ceux qui emploieront la nouvelle méthode. Vous savez, ont-ils ajouté, que le commerce vient enlever les vins rouges dans le courant du mois d'octobre, et tous les propriétaires sont bien aises de jouir de leur revenu annuel ; ce qui ne pourrait plus avoir lieu, au moins la première année, à moins que le commerce ne consentît à revenir faire des chargements aussitôt le retour de la belle saison.

M. F. Je ne puis blâmer cette haute prudence, qui doit toujours être la vertu du producteur et du commerçant, qui est la sauve-garde des spéculations hasardeuses, et sans laquelle on rencontre si souvent la ruine au lieu de la fortune que l'on cherchait ; mais les objections de vos amis ne me paraissent pas insolubles, et je vais tâcher d'y répondre. Je procéderai par le calcul : les chiffres, vous le savez, sont inflexibles, et avec leur secours nous ne craindrons pas de nous égarer.

Le premier résultat que j'obtins en 1822, quoi

qu'incomplet, parce que, comme dans tous les tâtonnements, mon appareil avait un inconvénient grave auquel j'ai remédié de manière à prévenir aujourd'hui toute espèce d'accidents possibles; ce résultat, disai-je, me parut si extraordinaire, que je n'osais y ajouter foi, et que les personnes, en grand nombre, qui ont goûté le vin et l'eau-de-vie provenant de cette première épreuve, n'y croyaient pas non plus, et presque toutes sont sorties de chez moi persuadées que je n'étais arrivé à ce résultat qu'au moyen de quelques substances aromatiques que j'aurais ajoutées au vin et à l'eau-de-vie.

Je me contentai alors de faire à la Société d'agriculture des Vosges, dont j'ai l'honneur d'être membre, un Rapport, dans lequel j'ai consigné les divers phénomènes que j'avais observés pendant la fermentation, et dont j'ai inséré un extrait dans ma Notice, page 18.

Avant de rendre publique une découverte aussi importante, je voulus m'assurer si une nouvelle épreuve confirmerait le succès que j'avais obtenu. L'année suivante, même résultat. Non content de cela, je priai un ami de m'aider aussi à constater les effets relatifs des diverses méthodes, et la manière dont il avait procédé a été consignée dans un Rapport que j'ai fait à la Société d'agriculture, en mai 1824, et j'en ai inséré l'extrait page 37 de ma Notice.

Depuis, plusieurs personnes m'ont demandé la permission de se servir de mon appareil, et toutes, celles au moins qui ont procédé comme je l'ai recommandé, ont toujours obtenu des résultats aussi satisfaisants.

Il ne me restait plus qu'à trouver la raison de tant de nouveaux phénomènes. J'ai peut-être été assez heureux pour y réussir; mais voilà neuf ans écoulés depuis mon premier essai, ainsi on ne me reprochera pas de précipitation. Il est vrai que ma Notice est écrite depuis quatre ans, et en la rédigeant, je compris si bien combien il me serait difficile de persuader tout ce qu'il en était, que je me suis borné à ne dire que ce qui était nécessaire, pour engager les propriétaires au moins à faire un essai. Mais vous savez, mon jeune ami, que je n'ai rien exagéré, et je suis venu dans ce pays, comme mes amis me l'ont conseillé, parce que c'est dans ce pays de grande fabrication d'eau-de-vie que ce nouveau procédé devait surtout avoir de l'importance; que d'un autre côté tous les vins rouges du Blayais, du Bordelais et du Médoc, et aussi quelques vins blancs étaient l'objet d'un commerce immense avec toute l'Europe; tandis que dans nos départements de l'Est on ne brûle jamais le vin, qui est presque toujours consommé sur place, et n'est que rarement un objet d'exportation.

Venons maintenant aux objections.

La première, c'est que l'on n'a fait, ni à vous ni à moi, l'honneur de nous croire, et je n'en suis pas surpris, je vous en ai dit la raison tout à l'heure. Mais je prierai vos Messieurs de considérer que je n'ai pas fait un déplacement aussi considérable sans quelque espoir de succès, fondé sur des résultats dont je ne redoute certainement pas l'issue; que, si il y a eu illusion de ma part, cela pouvait être excusable la première année, mais qu'elle a dû cesser depuis dix ans, qu'un beau succès aurait pu me le faire pardonner; que j'ai demandé aux chefs de l'administration du pays, trop intéressés à la prospérité de leurs administrés pour avoir eu à craindre un refus que rien ne pouvait justifier, une commission pour constater rigoureusement les résultats d'une expérience faite sous leurs yeux; que l'essai que je sollicite ne tire à aucune conséquence, et ne constitue d'autres frais que le prix de l'appareil, que je paierai si on ne veut pas le conserver. Toutes ces raisons me semblent péremptoires, et je compte absolument sur la bonne volonté de quelques partisans des améliorations, parce que ce n'est que d'amélioration en amélioration que l'on arrive enfin au plus grand perfectionnement. J'ajouterai une réflexion qui me paraît déterminante : c'est que ce nouveau procédé, si différent de tous les procédés actuellement connus, doit donner, physiquement parlant, des résultats très-différents de tous ceux obtenus par les modes de fermentation employés aujourd'hui. Alors, je laisserai prononcer sur le mérite probable de mon appareil tout lecteur qui aura lu ma Notice avec quelque attention.

Ph. Je suis assez content de cette première solution, et je ne doute pas que vous ne trouviez à cet égard un peu de complaisance, car c'est tout ce qu'il faut espérer aujourd'hui, et........

M. F. Et c'est tout ce que je demande actuellement ; que l'on essaie, et je suis tranquille pour le reste.

Ph. Ainsi, vous vous persuadez que des produits qui seront satisfaisants, je n'en fais nulle doute, détermineront les propriétaires à faire des sacrifices considérables de plus d'un genre pour substituer votre méthode à la leur? Cela pourra bien arriver pour quelques-uns ; mais il y a loin de là à l'adoption générale de votre appareil, comme vous paraissez y compter. L'argent est rare.....

M. F. Vous croyez donc qu'il en faudrait beau-beaucoup ?

Ph. Il en faudra probablement plus que vous ne pensez, vous connaissez peu le pays. Ainsi vous n'avez pu vous rendre un compte approximatif de la dépense nécessaire ; mais je vous dirai, moi qui connais les localités, qu'il y a beaucoup de chaix, dont la dépense dépasserait 10,000 fr., et que presque partout il faudrait des sommes que la plupart des propriétaires ne sont pas en état d'avancer dans la stagnation actuelle du commerce.

M. F. Je vais, je l'espère mon cher, vous démontrer que tout cela est spécieux ; que la dépense, quelle qu'elle soit, doit être couverte dans deux ans ou trois ans au plus.

Le résultat que j'ai obtenu cette année, et dont vous ne doutez pas, a été ainsi qu'il suit :

4 1\2 barriques de vin exactement dépoté, fait avec mon appareil, ont rendu, en eaux-de-vie à 4 3\4 degrés, ci.................. 29 veltes.

Les vins du pays, mais analogues à ceux de la ferme que nous cultivons, ont exigé 6 barriques, pour ci..... 27 veltes.

Ce qui constitue une différence en quantité d'un tiers ; quant à la qualité, elle est sans contredit supérieure à tout ce qu'on a fabriqué, parce qu'elle a un parfum provenant du bouquet qui réside dans la substance colorante, et que mon procédé développe et conserve dans la liqueur en bien plus grande quantité que par les méthodes ordinaires. Supposons maintenant que 100 barriques de vin auront rendu en eau-de-vie, en suivant la proportion de cette année, 17 barriques, à 130 fr. l'une, ci . . . . 2,210 fr.

100 barriques de vin traité avec mon appareil, rendront 23 2/3 barriques, à 130 fr. l'une, ci 3,030

Différence en argent . . . . 820 fr.

Et vous remarquerez que je ne mets pas un sou pour l'excellente qualité de la mienne.

Je ne sais à quel degré étaient les autres eaux-de-vie que je prends pour terme de comparaison ; mais pour ne pas être chicané sur mon calcul, réduisons la différence à . . . . 700 fr.

Deux années donneront . . . . 1,400 fr.

Or, avec cette somme on doit faire 4 tonneaux neufs, bien cerclés en fer, de la contenance de chacun 32 barriques, qui seront plus que suffisants pour la fermentation de 100 barriques de vin, puisque les 4 tonneaux contiendront ensemble

128 barriques, dont 28 seront occupées par les grains du raisin débarrassés de la raffle.

Ce n'est pas tout, ces tonneaux, une fois en place, ne se dérangent jamais, et ne sont sujets à aucun entretien ni réparation. Il suffit seulement, aussitôt qu'ils sont vides, de les nettoyer avec un balai : ce qui est de la plus grande facilité, car un homme entre dedans sans se gêner, par la porte pratiquée sur le fond de devant, que la bonde, du diamètre de 4 pouces, le laisse respirer librement, et lui permet de suspendre une lumière pour éclairer sa besogne. Il faudra ne point employer d'eau dans l'opération ou le moins possible, mais faire sortir exactement tous les pepins et la lie ; ensuite on rajuste la porte, on laisse une communication libre à l'air avec la bonde du tonneau par le trou de la porte qui reçoit l'anche, puis on fait brûler dans le foudre une mêche ou deux de souffre, selon sa capacité ; et lorsqu'il est rempli d'acide sulfureux, on se hâte de le fermer hermétiquement. De cette manière il se conservera frais, sera tout prêt à la vendange suivante, et n'aura besoin que de quelques basses d'eau jetées par-dessus quelques jours avant de le remplir, pour faire gonfler les douves et empêcher toute espèce de suintement.

Maintenant comparez cette pratique avec la vôtre, et jugez.

Ph. Ah! si vous pouviez convaincre les propriétaires?

M. F. Mieux que cela, qu'ils opèrent eux-mêmes, et qu'ils voient, mais sans prévention. Après l'essai qu'ils pourront faire, même dans un tierçon, ne seront-ils par toujours les maîtres d'adopter cette nouvelle méthode ou de continuer la leur? D'ailleurs, ils pourront ne faire les changements nécessaires qu'à mesure que cela sera possible, sans trop se gêner.

Ph. Il n'y a rien à dire à tout cela, je vois même une économie annuelle assez notable, parce qu'on est dispensé de mettre en état cette grande quantité de barriques et de tierçons auxquels il y a toujours quelques réparations à faire. Mais alors que fera-t-on de tout ce mobilier devenu inutile?

M. F. Ce mobilier servira à expédier tous les ans les vins et les eaux-de-vie que l'on vendra; une fois écoulé, on ne fera plus faire que les futailles dont on aura rigoureusement besoin pour cet objet.

Ph. Vous n'avez parlé jusqu'ici que de la fermentation du vin destiné à la fabrication de l'eau-de-vie, et il n'y a pas grand'chose à vous répondre, puisque la différence en plus, fera rentrer dans l'espace de deux ans les avances que l'on aura faites, et qu'après ce court délai il y aura une augmentation réelle et annuelle dans le revenu. Mais vous n'avez pas la même ressource avec les vins rouges, et en les supposant bien supérieurs en qualité, cette supériorité n'amènera probablement pas une augmentation de prix suffisante pour rétablir de long-temps les avances que l'on aura été obligé de faire, car votre appareil n'en augmente pas la quantité.

M. F. Vous venez de soulever, mon cher, une question très-importante, et qui exigera quelques développements. Je vous prie donc de me prêter toute votre attention. Je suis obligé de me répéter, je le sens bien; et je ne vais vous dire, mais en d'autres termes, que ce que j'ai dit dans ma Notice, et c'est toujours un inconvénient. Mais il paraît que l'on ne m'a pas compris suffisamment, d'où toutes les objections que vous me faites, et quelques autres aussi qui m'ont été faites à moi directement, car de mon côté j'ai communiqué mon manuscrit à plusieurs personnes, et je vais tâcher d'être clair et démonstratif pour tout le monde.

Le vin est de la plus haute antiquité, témoin

l'ivresse de Noé, dans les premiers âges du monde. Il n'est pas difficile de deviner que le hasard a bientôt donné le secret de cette liqueur, et que l'on aura suivi ses indications. Les Grecs ensuite buvaient leur bon vin de Chio, et Hypocrate a fait de son usage un principe d'hygiène : *Bis ebriare*, etc. Horace, chez les Romains, chantait souvent le Falerne en caressant sa maîtresse. Mais tous les documents sur les méthodes de faire le vin chez nos ancêtres ne nous sont pas parvenus, et n'ont pu nous servir de modèles. On sait seulement que les Romains mêlaient différents aromates dans leurs vins pour leur donner des bouquets différents ; ce qui me laisse véhémentement soupçonner qu'ils n'étaient pas très-savants en œnologie. Le comte CHAPTAL regrette cette partie de l'art, et a encouragé des essais à cet égard. Mais la main de l'homme est trop lourde pour savoir imiter la nature dans cette partie si délicate de ses œuvres mystérieuses ; et il me semble qu'il aurait mieux valu provoquer les recherches et les travaux des gens de l'art pour conserver à nos vins le bouquet dont nulle espèce de raisin n'est déshérité, et que toutes les méthodes actuelles de vinification dissipent plus ou moins, ou empêchent de se développer.

Cependant le *Traité de fermentation* de CHAPTAL,

sans avoir résolu le problême, a imprimé une meilleure direction; et depuis à peu près quarante ans, les vins sont généralement mieux faits, parce qu'ils ont été moins tourmentés pour obtenir une coloration plus profonde : et que sous le prétexte plausible de s'opposer le plus possible à la volatilisation du gaz acide carbonique que l'on supposait entraîner avec lui l'alcool et le bouquet, on a soustrait la cuvée au contact immédiat de l'air, qui seul cause tout le dommage, et l'on s'en est bien trouvé.

Voilà ce qui me reste à prouver; mais auparavant, il est bon de connaître les différentes substances qui entrent dans la composition d'un grain de raisin.

Ce que nous remarquons d'abord, c'est sa couleur, qui varie du blanc au noir dans toutes ses nuances. La couleur est contenue dans une substance qui est adhérente à la partie intérieure de la pellicule du grain et qui se rapproche des résines par quelques propriétés, surtout par celle de n'être soluble que dans l'alcool. Cette substance, je puis l'assurer aujourd'hui, est le siége du bouquet de nos vins, lequel à son tour pourrait être le principe de leur salubrité, double raison de l'obtenir en totalité et de prévenir son altération. Ce qui nous frappe ensuite, c'est la douceur du fruit qui n'est autre chose que du sucre fondu dans une quantité d'eau assez notable. Le sucre dans le raisin est en plus ou moins grande quantité, selon le climat, l'exposition, la nature du sol, la culture, la température de l'année, et enfin l'espèce et la variété du fruit. Il y a aussi du carbone à son état fixe, que l'on ne peut reconnaître que par des procédés chimiques, ainsi qu'une substance que les savants appellent végéto-animal, c'est-à-dire une substance qui participe des deux règnes. Il y a enfin les pepins qui contiennent une huile essentielle, et la pellicule qui est transparente comme du verre lorsqu'elle est débarrassée de la résine adhérente à son intérieur et qui contient un principe acerbe.

Le végéto-animal et le principe sucré sont isolés dans le grain ; mais lorsqu'ils sont mis en contact, ce qui a lieu lorsqu'on a foulé, ou mieux cylindré la vendange, parce que l'opération est plus exacte, et que la température de la cuvée est élevée à 12 degrés Réaumur, alors la fermentation s'établit. De ce premier phénomène résulte la conversion du sucre en principe alcoolique qui donne l'eau-de-vie par la distillation et le dégagement du gaz acide carbonique : ces deux opérations sont simultanées. Un troisième résultat, mais qui n'est que la conséquence de la conversion alcoolique, c'est la coloration du vin, c'est-à-dire la fusion progressive et proportionnel à l'alcool obtenu de la substance colorante; d'où il résulte un fait très-important, c'est que dans les fermentations incomplètes, le vin ne peut être aussi couvert et aussi parfumé que si l'opération était complétée, et qu'il ne peut avoir non plus toute sa générosité, puisqu'une partie plus ou moins notable du sucre n'a pas subi sa transformation.

Toutes ces opérations ne peuvent se faire sans l'intermédiaire de l'air, parce que sans lui toute fermentation est impossible. Mais qu'est-ce que l'air, et quels sont ses effets? L'air est un fluide élastique, transparent et invisible, qui enveloppe le globe, et dans la composition duquel entre, pour un cinquième environ, l'oxigène, qui n'est autre chose qu'un principe *acidifiant,* et qui seul entretient la respiration et la combustion. Il a reçu de la nature une double mission qui semble contradictoire. Sans lui rien n'existe, ne végète, ne se développe, et c'est par lui aussi que s'opère la décomposition des corps lorsqu'ils ont cessé de vivre. Cette décomposition commence par la fermentation putride dans les animaux, par la fermentation d'abord acide et ensuite putride dans les végétaux, et se termine dans les deux règnes par la réversion en humus. *Memento, homo, quia pulvis es.*

Si nous avons fait attention, enfin, que l'air a la propriété d'absorber et de faire évaporer les liquides, et quelle que soit son activité excitée ou ralentie par diverses causes, toujours en raison des surfaces sur lesquelles il agit, nous connaîtrons de l'air tout ce qu'il est nécessaire d'en savoir pour diriger avec art la fermentation de nos vins, la soustraire à son action épuisante ou destructive, et à n'en permettre l'introduction dans la cuvée que dans la proportion indispensable à sa marche progressive, et pour la faire arriver enfin à son terme absolu avec le moins d'altération possible des principes constitutifs du vin, je veux dire le bouquet et l'alcool.

Voilà les effets connus et irrécusables de l'air. La cause de tous ces phénomènes est encore inconnue et le sera peut-être toujours : c'est là le voile si transparent, mais impénétrable, qui couvre la nature, que nul mortel, malgré ses efforts, ne peut soulever, parce qu'il ne sera peut-être jamais donné à l'homme, ici-bas, de lire dans la suprême intelligence. Si vous vous obstinez à ne voir dans tant de mystères que des causes physiques et à les chercher ; si vous ne voulez pas reconnaître ici une volonté toute-puissante et immuable, comme tant d'autres, mon cher vous mourrez sur le bord du puits.

Je ne sais, mon cher Philorus, si je n'ai pas trop fatigué votre attention par l'exposition un peu longue de toute cette théorie, et si vous avez bien compris tout ce que j'ai tâché de vous expliquer de mon mieux.

Ph. Je vous écoutais avec trop de plaisir pour avoir rien perdu de vos explications. Je vous avouerai même que je savais à peu près tout ce que vous m'avez dit, et que tous les phénomènes dont vous avez parlé sont tellement évidents et connus, que presque personne ne les ignore ; seulement votre manière de les présenter m'a fait pressentir les conséquences que vous allez en tirer. Cependant je vous prie de continuer ; car, quand bien même je serais en état de vous suppléer, mon autorité ne serait pas très-prépondérante ; et il vaut beaucoup mieux que je puisse m'appuyer sur vous, votre expérience et vos observations feront très-probablement un bon effet.

M. F. Je vais donc, comme vous le désirez, terminer notre conversation par faire l'application de tout le système que je vous ai mis sous les yeux aux diverses méthodes usitées dans le pays.

A mesure que l'on apporte le raisin blanc au chaix, on le jette sur la fouloire, où deux ou trois hommes l'écrasent avec leurs pieds le plus exactement possible; le jus tombe dans une petite cuve, d'où on le distribue dans des barriques ou des tierçons, dans lesquels il fermente tout à son aise. La bonde de ces futailles reste ouverte tout le temps de la fermentation, et même très-souvent jusqu'à l'époque où on fait l'eau-de-vie. Les marcs sont à l'instant pressurés, et le vin de pressoir est mis de même dans des barriques.

Quant au vin rouge, le procédé est très-différent. On commence, chez un très-grand nombre de propriétaires, par loger le raisin dans des futailles défoncées ou dans de petites cuves, où on le laisse cinq à six jours sans l'écraser. Au bout de ce temps, on le foule le plus exactement possible, et on verse le tout dans de grandes cuves, dans lesquelles il séjourne six, huit, dix jours, plus ou moins, jusqu'à ce que le propriétaire juge la fermentation terminée; alors on le tire chaud (1), et on le distribue dans des barriques ou des tierçons, que le commerce vient bientôt enlever. On ne pressure presque jamais les marcs plus ou

(1) C'est ce que m'écrit un propriétaire.

moins altérés par cette manipulation, car la liqueur qui en sortirait, ne pourrait pas, sans compromettre toute la vendange, être mêlée au vin de goutte; mais ils restent dans la cuve, et on y ajoute de l'eau *ad libitum* pour faire de la piquette. Les marcs de vin blanc sont aussi jetés dans des cuves où ils sont traités à peu près de la même manière que ceux des vins rouges. Voyons ce qui doit résulter de ces diverses manutentions.

L'air agit, comme nous l'avons dit, en raison des surfaces. Si, comme je le propose, on faisait des foudres de 32 barriques l'un, ces 32 barriques ne présenteraient à l'air qu'une seule surface du diamètre de 18 lignes, suffisante pour le dégagement du gaz acide carbonique; au lieu de cela, en logeant le vin blanc dans des barriques ou des tierçons pour le faire fermenter, on présente à l'action épuisante de l'air ambiant vingt surfaces en terme moyen, d'où par conséquent une évaporation vingt fois plus considérable. Mais quelle est la substance dont l'air se sature en passant sur les bondes des tonneaux et qu'il emporte? Supposerons-nous qu'il enlève à chaque instant une couche aussi mince que vous voudrez le concevoir de la liqueur qu'il frappe? Je ne le crois pas. Je crois au contraire, comme l'a prouvé l'expérience que j'ai faite sur l'eau-de-vie, et dont j'ai rendu compte dans ma Notice, et par la même expérience que j'ai répété sur du vin, qu'il ne se charge que de l'alcool et du bouquet, qui en est devenu inséparable, puisqu'il tient en dissolution complète la substance colorante qui en est le siége, et parce que l'alcool est la partie la plus légère du vin, ce qui est conforme aux lois de la physique. Il arrive alors que la liqueur, dépouillée de l'esprit qu'elle contenait, n'est plus que de l'eau simple, mais colorée, comme le prouve le résidu d'une distillation; qu'étant alors plus pesante que la couche immédiatement inférieure, elle s'enfonce à travers, et qu'il résulte de là que les couches inférieures alcooliques se présentent successivement à l'ouverture de la bonde et sont successivement dépouillées de leurs parties constituantes, d'où vous pouvez conclure les ravages de l'air, et vous ne serez plus étonné que mon procédé conserve au vin une quantité alcoolique du tiers plus considérable que les procédés actuels.

Je ne m'appesantirai pas sur les raisons qui prouveraient que la fabrication du vin rouge est encore plus défectueuse : elle saute aux yeux. Mais ce que je ne dois pas omettre, c'est que cet épuisement de l'esprit et du bouquet, n'est pas le seul inconvénient de ces sortes de fermentations : celui-ci ne fait qu'affaiblir le vin et le priver en partie de son parfum ; celui dont je vais vous parler est certainement le pire de tous, parce qu'il développe dans la liqueur le principe acéteux, d'où l'aigreur de tant de vin, contre laquelle le comte CHAPTAL s'élevait il y a plus de quarante ans.

La fermentation élève toujours la température de la liqueur, mais plus ou moins selon les circonstances. CHAPTAL dit qu'il l'a toujours trouvée entre 15 et 18 degrés Réaumur. Elle a aussi été trouvée élevée à 33 degrés par M. ÉLIE DRU (1). Lorsque cette température est arrivée au terme de 18 degrés, ou qu'elle le dépasse, il y a inévitablement acescence de la liqueur. Lisez un *Traité de la fabrication du vinaigre*, vous verrez qu'il suffit de placer dans un appartement ayant 18 degrés de température, un tonneau rempli de vin aux trois-quarts pour donner plus de prise à l'air, et dont la bonde de trois ou quatre pouces seulement de diamètre reste ouverte. Quelques mois sont nécessaires pour parfaire l'opération. On dira peut-être que la fermentation élevant aussi haut la température, l'inconvénient que je signale est impossible à parer. Cela est vrai dans les fer-

---

(1) Il ne faut pas oublier qu'on m'écrit qu'on tire le vin chaud.

mentations à l'air libre, mais cela n'arrive pas lorsqu'elles se font dans des vases clos. En 1827, dans les Vosges, et, en 1834, dans la Saintonge, j'ai placé un thermomètre dans le tube plongeur de mon appareil, et visité presque tous les jours pendant le temps de la fermentation tumultueuse, il n'a jamais dépassé 15 degrés.

Si, pour éviter tant de graves sinistres, on se décide à faire fermenter à vaisseaux clos, j'ai signalé dans ma Notice l'inconvénient qui aurait lieu très-souvent, je crois, dans ces beaux climats où la maturité du fruit est presque toujours complète; ainsi, on ne peut obtenir avec les procédés connus des résultats absolument satisfaisants.

Avec mon appareil, on obtiendra d'abord le développement complet du bouquet, comme l'a prouvé jusqu'à l'évidence l'eau-de-vie que j'ai faite cette année. En deuxième lieu, la spirituosité du vin sera augmentée d'un quart au moins, comme il conste par le résultat que j'ai obtenu ; ce qui pourrait peut-être dispenser de verser dans les cuves en fermentation une quantité assez notable d'eau-de-vie pour donner au vin la spirituosité qu'exige le consommateur, et la force de supporter le voyage d'Amérique et de passer la ligne ; ce qui opérerait un double avantage : car les vins ainsi fabriqués, se reconnaissent facilement, ne sont jamais francs et sont très-capiteux. En troisième lieu, on conserverait une portion de liqueur évaporée par l'action de l'air, que j'estimerai à un quinzième. Enfin, ce qui est aussi important que tout ce que dessus, c'est un quart de la vendange totale contenue dans le marc, qui, par mon procédé, donne le meilleur vin, le plus parfumé et bien supérieur encore au vin de goutte, perdu pour le commerce et la consommation : ce qui occasionne une perte énorme au propriétaire.

Ph. Mais, Monsieur !...

M. F. Pardon, mon cher, si je vous interromps, et ne vous laisse pas me présenter une objection que je vous vois impatient de me faire. Je n'ai plus qu'un mot à ajouter : c'est que je concluerai de tout ce que j'ai dit, que le vin rouge aussi remboursera dans très-peu de temps les avances qu'on lui aura faites, et qui seront occasionnées par le changement du matériel.

Ph. Est-ce que vous avez oublié, Monsieur, qu'il faut de la boisson en assez grande quantité pour les ouvriers, les vignerons, les domestiques? Comment y suppléera-t-on? Ou bien seriez-vous dans l'intention de supprimer la piquette que l'on délivre, ou de la remplacer par une augmentation de salaire ?

M. F. Rien de tout cela, mon cher; j'ai trop de respect pour cette classe si utile et la plus nombreuse de la population pour vouloir empirer son son sort. Les vins rouges du commerce se font presque exclusivement dans le Blayais, le Bordelais et surtout le Médoc. Ainsi, en y réfléchissant bien, vous comprendrez qu'il serait dommage de faire de la piquette avec la première qualité des vins de ces contrées, et dont le prix est très-élevé. Exportons donc tant que nous pourrons ces vins fameux dans tout le globe, et rapportons en échange les denrées qui nous manquent ou du numéraire; alors, avec une partie de l'excédant de prix que nous obtiendrons nécessairement du produit de nos vignes, nous nous procurerons, dans la Saintonge, l'Angoumois, de très-bons vins, quand ils seront bien fabriqués, mais d'un prix bien inférieur, et avec lesquels on fera de bonne boisson. Cela sera l'occasion d'un commerce intérieur assez considérable, qui mettra beaucoup d'aisance dans le pays. Je ne sais si la fabrication de l'eau-de-vie suffit aux besoins du commerce, mais je le crois; et alors, par l'expérience que j'ai faite cette année, il est clair que le quart au moins du vin fabriqué avec mon appareil pourra être vendu en nature sans nuire au commerce des eaux-de-vie. Il résulterait de là que la grande population du pays aurait toujours une liqueur saine, agréable et rafraîchissante pour se désaltérer. Dans chaque ménage, il suffirait d'avoir un seul vase contenant la provision d'un mois seulement. Lorsqu'il serait vide, on le remplirait avec un mélange d'eau et de vin, plus tonique en été qu'en hiver, pour obéir à un précepte hygiénique, et qui n'aurait pas le temps de s'altérer; tandis que la boisson actuelle, qui n'est non plus autre chose que de l'eau et du vin, passable tout au plus pendant l'hiver, est toujours détestable, et plus ou moins corrompue à l'époque des chaleurs. Et comment pourrait-elle résister à l'action si détériorante de la température de cette saison, tandis que le vin lui-même a tant de peine à traverser une année? Je ne doute pas, mon cher, que cette funeste boisson, que tous ces malheureux préfèrent à l'eau, parce qu'ils n'en connaissent pas le danger, n'augmente considérablement le nombre des fièvres endémiques des marais, qui, tous les ans, font tant de victimes. Je la crois aussi la cause de toutes ces angines, souvent compliquées avec la fièvre scarlatine qui les rend alors dangereuses, et quelquefois avec la fièvre pourprée qui les rend mortelles, dans l'intérieur du pays, quoi qu'il soit à l'abri, par son éloignement des marrais, du foyer de la contagion. Ce qui me porte à le croire, c'est que ce mal n'attaque presque jamais que les personnes qui font usage de boisson, et qu'il arrive souvent que, lorsque le mal éclate dans une famille, il se déclare chez tous les individus. Les médecins, dans leurs visites, devraient se faire représenter la boisson, la déguster, l'interdire s'ils la reconnaissaient malfaisante, et tâcher, en signalant à l'administration cette cause de maladie et de mortalité, de provoquer les moyens de la prévenir pour la suite, en indiquant une méthode qui empêcherait cette boisson d'arriver à une altération aussi nuisible.

Il est vrai que l'on ne croit pas à tous ces beaux résultats, mais on est trop poli pour les nier absolument. « Comment se fait-il, m'écrit-on, que « votre vin, que vous laissez cuver sur le marc pen- « dant cinquante ou soixante jours (il fermente bien « plus long-temps), soit d'une couleur limpide, « qui ne tache que peu le linge, qu'il soit potable « de suite, qu'il a le bouquet du vin vieux?

« Depuis long-temps, continue-t-on, je fais « égrapper ma vendange très-exactement, je ne « la foule pas, je la mets dans la cuve exactement « fermée avec un double fond percé de plusieurs « trous, de sorte que le jus est toujours au-dessus « du marc. Eh bien! les résultats sont que lors- « que je laisse ma cuve sans soutirer le vin plus

« de six à huit jours, quelquefois moins, mon « vin est très-fort en couleur, tache fortement le « linge; et au lieu d'être moelleux, potable, il « devient dur, même acerbe. »

On ne conclue pas, mais il est clair que la conséquence aurait été un *à fortiori*. Il me semble cependant que l'on aurait dû conclure le contraire, et voici mes raisons :

Puisque le vin n'est autre chose qu'une liqueur provenant du jus de raisin fermenté, une fermentation complète devient indispensable pour obtenir le meilleur résultat. Avec les méthodes actuelles, elle est toujours loin d'être terminée: j'ai prouvé cela dix fois; seulement celle faite à vaisseau clos devra toujours donner un meilleur vin, parce qu'il n'est pas exposé comme celui fait dans des vases ouverts à subir la fermentation acéteuse, et qu'il n'a à craindre que l'inconvénient moins grave de rester liquoreux et pâteux, inconvénient dont l'âge le corrige presque toujours; tandis que l'aigreur augmente nécessairement avec le temps, et ne se guérit jamais. Dans ces deux cas, le vin doit être dur et acerbe, jusqu'à ce qu'une fermentation insensible, qui s'établit aussitôt l'entonnage du vin, ait terminé l'œuvre, surtout en débarrassant la liqueur d'une grande quantité de substances hétérogènes, telles que le tartre, le mucilage, le carbone, etc., qui restent en suspension dans le vin, parce qu'ils sont peut-être nécessaires à la fermentation, et que celle-ci précipite enfin avec la lie lorsqu'elle est terminée. Mais cette fermentation insensible est très-lente et dure toujours plusieurs années, surtout dans les climats méridionaux.

On ne peut nier ce mouvement intestin qui améliore le vin d'année en année et le rend enfin potable. S'il n'existait pas, quelle serait la cause de cette amélioration progressive et incontestable?

Actuellement si mon procédé produit une fermentation tumultueuse pendant cent jours, plus ou moins selon l'année, ne pourrait-on pas en conclure qu'elle équivaut à trois ou quatre ans d'une fermentation d'autant plus insensible qu'elle est privée alors d'une grande quantité de ses éléments, surtout de la presque totalité de la substance colorante? Si, l'orsqu'on soutire le vin fait à vaisseau clos pour l'entonner, on le compare avec celui qui fermente sous mon appareil, on trouve les deux vins exactement les mêmes s'ils proviennent de raisins identiques; mais si successivement après les différentes restitutions que l'on aura faites on les compare de nouveau, on les trouvera d'autant plus différents que l'on approchera du terme de l'opération. Le premier reste tel qu'il était, ou à peu de chose près, lors de l'entonnage; le second a dû nécessairement s'améliorer en marchant au but; et si sa bonté et sa potabilité dépendent, comme je le crois, du complètement de la fermentation, la méthode qui en abrège le temps doit être préférée par cela seul, car c'est déjà un avantage considérable, mais ce n'est pas tout. Les vins seuls fabriqués avec mon appareil ont tout leur bouquet, parce que de cette manière on obtient la fusion totale de la substance colorante qui en est le siége, résultat nécessaire de la complète conversion alcoolique. Il est vrai que mon honorable correspondant conteste cette propriété de la substance colorante : « Le bouquet, me dit-il dans « sa lettre déjà citée, tient plus au terroir qu'à « autre chose; mais sa nature, au dire des meil-« leurs chimistes, est inconnue. »

Le terroir ne peut pas communiquer une propriété qu'il n'a pas; car, au lieu du bouquet, il donne toujours au vin un goût désagréable. Si ce que l'on m'écrit était vrai, il en résulterait nécessairement que tous les cepages de vigne, de quelle que variété qu'ils fussent, plantés dans la même terre, devraient contracter le même bouquet : ce qui n'est pas; d'ailleurs resterait toujours à préciser la partie du grain qui recélerait cette précieuse substance. Je n'ai pas dit non plus que je connaissais sa nature, et je crois bien que les chimistes ne la connaissent pas davantage. La main bienfaisante qui a peint les fleurs de tant de couleurs si variées et si brillantes, qui a multiplié à l'infini le parfum de nos fruits, afin sans doute de multiplier nos plaisirs, a aussi doté la grappe : c'est là son secret. Mais ce que j'ai affirmé, parce que j'en suis sûr, c'est que cette substance est contenue dans la matière colorante du raisin, qui ne peut être dissoute que dans l'alcool ; que celui-ci n'existe dans la liqueur qu'en raison du progrès de la fermentation qui cesse par diverses causes, mais nécessairement lorsque la conversion du sucre en esprit est opérée.

Rappelez-vous, mon cher, tout ce que j'ai consigné dans ma Notice et tout ce que je viens d'ajouter dans la conversation que nous avons ensemble, et peut-être il ne vous restera plus de doute.

L'eau-de-vie seule que j'obtiens doit convaincre les plus incrédules. Un quart au moins en plus que ne donne la même quantité des vins du pays, son parfum si agréable, qui n'est certainement que le bouquet de mon vin concentré par la distillation, et qui rend cette eau-de-vie sortant de l'alambic aussi douce à boire que les eaux-de-vie ordinaires qui ont vingt ans, parce qu'elle n'a pas comme ces dernières l'âcreté et le mordicant que le temps seul peut corriger : voilà ce qu'on ne pourra nier.

Ph. Cependant le commerce de Cognac a décidé que votre eau-de-vie ne vaut rien.

M. F. Ah, ah, ah ! l'excellente décision !

Ph. On a décidé, non pas qu'elle ne vaut absolument rien, seulement qu'elle était inférieure à celle du pays, parce qu'elle n'a pas le goût de *rancio* particulier aux eaux-de-vie de Cognac, et qui fait leur réputation.

M. F. A la bonne heure, je conviens qu'elle n'a pas le *rancio* qu'ils prisent tant, et je suis certainement bien aise qu'elle ne l'ait pas. Quant à sa qualité positive, ils sont seuls de leur avis ; tout le monde l'a trouvé excellente, excepté cependant un seul propriétaire, qui m'a même menacé que les Anglais n'en boiraient point. J'en serai bien fâché pour les Anglais, ai-je répondu ; j'ai toujours estimé ces fiers insulaires, même à l'époque où nous décrétions si plaisamment qu'ils étaient les ennemis du genre humain ; mais comme ils aiment ce qui est bon, et qu'ils dégusteront cette nouvelle liqueur sans prévention, je crois qu'ils sauront l'apprécier.

Mais examinons maintenant ce que c'est que ce célèbre *rancio,* qui a fait la réputation des eaux-de-vie de Cognac, parce qu'il était unique dans ce genre de produits.

L'effet de la distillation des substances fermentées est non-seulement de séparer l'alcool de la partie aqueuse, mais aussi d'obtenir et de concentrer sous un petit volume le bouquet, le parfum, et généralement toutes les odeurs contenues dans le vin, et qui sont souvent inappréciables à raison de leur faible quantité. Ce second effet constitue l'arôme, qui devient alors très-sensible sur le palais, et qui diffère selon les climats et selon les différentes espèces de vin; d'où je conclus que la quantité et surtout la bonne qualité de l'eau-de-vie doivent dépendre d'une fermentation, qui développe et conserve sans altération dans la liqueur l'esprit et particulièrement le bouquet : celui-ci est toujours très-faible dans les années d'une mauvaise maturité, même dans les cepages qui en contiennent le plus. Tout cela posé, et je crois que cela est incontestable, comment se peut-il faire que le vin fermenté par mon nouveau procédé, si supérieur par sa qualité et surtout par sa spirituosité, puisqu'il a rendu en eau-de-vie le tiers en plus que les autres vins du pays, donne une liqueur si inférieure aux eaux-de-vie qui proviennent d'un vin dont la fermentation est un contre-sens, et qui ne peut jamais avoir tout son bouquet, si celui-ci est contenu dans la substance colorante, puisque jamais les vases vinaires ne contiennent le grain du raisin, mais seulement le jus de la grappe obtenu sous le pressoir? Avant d'aller plus loin, permettez-moi de vous conter une anecdote qui servira à l'intelligence de tout ceci.

« Il y a soixante ans à peu près, on ne se servait pour la distillation que d'une chaudière simple, qui rendait l'opération longue et coûteuse. Pour abréger, on activait la flamme, et on donnait ainsi à l'eau-de-vie une odeur de brûlé, que l'on appelle de l'empyreume. Mais depuis les beaux perfectionnements apportés dans les appareils distillatoires, on a fait non-seulement une grande économie de temps, de combustible et de main-d'œuvre, économie qui s'élève aujourd'hui aux huit dixièmes; mais l'opération ne communiquait plus de mauvaise odeur à l'eau-de-vie : ce qui était très-important. Eh bien, les consommateurs du Nord refusèrent long-temps de recevoir des eaux-de-vie ainsi perfectionnées, parce qu'ils faisaient consister la qualité, et surtout la force de cette liqueur, dans le goût de l'empyreume; et l'on a été dans l'obligation d'en fabriquer exprès pour eux. Mais enfin ils sont revenus de leur erreur. Il pourra très-bien en arriver autant au *rancio*, qui, selon moi, est un défaut; mais on pourra toujours en expédier pour la Russie, si, comme le dit Montesquieu, il faut écorcher un Russe pour lui donner de la sensibilité, car il est un véritable emporte-pièce. »

Vous avez vu, mon cher, des résultats si différents obtenus par la distillation des vins du pays et du nôtre, que vous conclurez avec moi que cette différence provient nécessairement de celle de la fermentation du vin, car la distillation n'opère sur les matières qui y sont soumises que la concentration des substances alcooliques et odorantes. D'où je conclus encore une fois que la fermentation la mieux dirigée doit donner les résultats les plus satisfaisants; que, par conséquent, notre eau-de-vie qui n'a plus l'âcreté de celle du pays doit être le type de l'excellente eau-de-vie de Cognac.

Je crois qu'il ne serait pas difficile de prouver matériellement ce que je dis; mais si je le faisais, il en serait de même que pour le surplus, on ne me croirait pas.

Ph. Cela pourrait bien être. Mais offrez de faire vos expériences devant les parties intéressées, elles ne s'y refuseraient probablement pas; il me semble que la chose est trop importante pour la négliger.

M. F. Je ne suis pas de votre avis; au surplus le temps décidera la question. En attendant ne négligez rien pour faire le meilleur vin possible, puisqu'il est aujourd'hui de première nécessité et que son usage est général. Le bon vin, après avoir satisfait par sa générosité, et surtout par son parfum, aux exigences de l'organe du goût, toujours si avide de sensations agréables, porte dans le corps la santé, la vie et le plaisir, en excitant doucement la fibre; mais au lieu de l'exciter doucement, le mauvais vin l'irrite et la déchire, et son impression sur le palais n'est jamais assez tôt effacée.

Mais venons enfin à la dernière objection que l'on me fait.

On dit que le vin, à cause de la longueur de la fermentation, ne pourrait être livré au commerce qui vient l'enlever dès le mois d'octobre, et que cela nuirait aux intérêts des propriétaires. Je crois cette crainte chimérique. Le commerce qui entend aussi ses intérêts, ne demandera probablement pas mieux que d'attendre quelques mois pour avoir du vin beaucoup meilleur et en plus grande quantité. Il y a toujours, il est vrai, dans chaque changement un peu considérable dans tous les genres d'industrie, un moment de gêne et d'embarras : cela est inévitable; mais ici ce moment sera à peine sensible. Instruit à temps des quantités disponibles en octobre, et de celles qui ne le seront qu'en mars, le commerce saura bientôt quelles seront les précautions à prendre pour ne pas s'exposer à un voyage inutile. Enfin, mon cher, si vous considérez les prodiges opérés dans les sciences et dans les arts depuis trente ans ; si vous calculez les sommes immenses qu'il a dû en coûter; les sacrifices de tous genres, mais momentanés, que l'on a pas craint de faire, pourrait-on hésiter à introduire dans la fabrication du vin et de toute espèce de liqueur une amélioration aussi importante, et qui devra sensiblement influer sur la prospérité de notre belle France, puisque les produits vineux et alcooliques sont au moins le tiers de tous les produits agricoles de notre patrie, et que l'on obtiendra enfin cette liqueur charmante, qui, selon l'Écriture, réjouit le cœur de l'homme.

PH. L'on voit, Monsieur, que vous parlez avec une confiance entière dans votre procédé.

M. F. Est-ce que vous ne la partagez-pas ?

PH. Je vous demande pardon; votre Notice, cette dernière conversation, m'ont persuadé, et vos produits m'ont convaincu. Mais ce n'est pas de moi qu'il s'agit. Je vous remercie, et je vous quitte, pour aller faire part à nos Messieurs de tout ce que vous venez de me dire. Je ferai tous mes efforts pour coopérer autant qu'il sera en moi à l'adoption de votre procédé, qui, s'il n'a pas peut-être résolu complètement le problême de la vinification, laisse cependant loin derrière lui toutes les méthodes connues.

M. F. Allez, mon cher Philorus. Il n'est question aujourd'hui que d'obtenir un essai authentique et irrécusable, et cela est sans inconvénient. Je crois qu'il suffira que mon appareil soit connu pour être généralement adopté.

Post scriptum. Les foudres sont chers dans les pays méridionaux, parce que le bois est cher et la main-d'œuvre encore plus. D'un autre côté le merrain des grandes cuves actuelles ne pourrait pas toujours entrer dans la confection des foudres, soit parce qu'il est d'un échantillon trop faible, soit parce qu'on ne pourrait peut-être pas, sans danger de le rompre, lui donner la forme des douelles de tonneaux. J'ai alors essayé de faire fermenter de la vendange dans une cuve ordinaire, mais ayant un fond supérieur et bien jablé, et cela a très-bien réussi; seulement j'ai pris la précaution suivante, au moyen de laquelle il ne pouvait se former de vide à l'intérieur :

J'ai donné aux douelles de derrière 3 pouces de hauteur de moins qu'à celles du devant. Lorsque la cuve est sur son chantier, le derrière doit être élevé d'un pouce et demi, afin de faire arriver tout le vin sur l'anche. Ainsi il n'y aura plus dans le haut qu'un pouce et demi de faux niveau ; ce qui sera insensible à l'œil, mais suffira pour empêcher le moindre vide à l'intérieur si l'on pratique sur le devant, par conséquent sur la partie la plus élevée, le trou de bonde de 4 pouces de diamètre pour introduire la vendange et placer l'appareil. On pratiquera aussi sur la douelle de devant une porte de la même manière qu'aux foudres, afin que l'on puisse sortir les marcs et s'introduire dans la cuve pour la nettoyer; mais elle ne sera alors ouverte qu'à 3 pouces au-dessus du cercle d'en bas, qui doit reposer sur le jable. Alors on placera l'anche ou le robinet sur une des douelles qui avoisinera la porte. Par ce moyen on fera une forte économie de plusieurs sortes :

1° Le merrain des cuves actuelles pourra être utilisé ;

2° Si l'on veut construire des cuves neuves, il y aura économie d'un quart sur le prix du merrain, parce qu'elles n'exigent pas une épaisseur aussi considérable que les foudres; d'un quart aussi sur les frais de construction. On peut trouver partout un ouvrier capable de les bien fabriquer, tandis que les foudres exigent plus d'art et de temps. Enfin, il y aura économie de moitié ou au moins des deux cinquièmes sur les cercles. Pour un foudre de 32 barriques, il faut 10 cercles; pour une cuve de même capacité, 5 ou 6 suffiront.

FIN.

Lith. de Dosquet, Epinal.

ERRATA.

Page 18, ligne 9, *au lieu de :* n'est solube; *lisez :* n'est soluble.

Même page, ligne 20, *au lieu de :* m'a été donnée à, etc.; *lisez :* m'a été douce à, etc.

Page 19, ligne 11, *au lieu de :* a une relation; *lisez :* est une relation.

Page 26, ligne 16, *au lieu de :* en remplaçant celui; *lisez :* en remplacement de celui.

Même page, ligne 19, *au lieu de :* et fait aussi; *lisez :* et fait ainsi.

www.ingramcontent.com/pod-product-compliance
Ingram Content Group UK Ltd.
Pitfield, Milton Keynes, MK11 3LW, UK
UKHW021030180726
13838UKWH00004B/1717